Surendra Singh Yadav
Harminder Singh
Himanshu Khanna

Análise experimental e computacional da transferência de calor de um dissipador de calor

Surendra Singh Yadav
Harminder Singh
Himanshu Khanna

Análise experimental e computacional da transferência de calor de um dissipador de calor

ScienciaScripts

Imprint

Any brand names and product names mentioned in this book are subject to trademark, brand or patent protection and are trademarks or registered trademarks of their respective holders. The use of brand names, product names, common names, trade names, product descriptions etc. even without a particular marking in this work is in no way to be construed to mean that such names may be regarded as unrestricted in respect of trademark and brand protection legislation and could thus be used by anyone.

Cover image: www.ingimage.com

This book is a translation from the original published under ISBN 978-620-7-45269-9.

Publisher:
Sciencia Scripts
is a trademark of
Dodo Books Indian Ocean Ltd. and OmniScriptum S.R.L publishing group

120 High Road, East Finchley, London, N2 9ED, United Kingdom
Str. Armeneasca 28/1, office 1, Chisinau MD-2012, Republic of Moldova, Europe
Printed at: see last page
ISBN: 978-620-7-63000-4

Conteúdo

Capítulo 1

Introdução

O sobreaquecimento foi sempre um problema referido pelos engenheiros, desde o dia em que foram inventados os dispositivos como motores, geradores, etc. O funcionamento destes dispositivos está sempre condicionado pelas limitações das propriedades dos materiais. Um problema de sobreaquecimento de um dispositivo falha sempre devido ao valor limitado da temperatura do ponto de fusão. Por isso, sempre foi desejado ter um sistema que pudesse dissipar a quantidade máxima de energia térmica em todas as condições de trabalho. Automóvel, centrais térmicas, dispositivos electrónicos, etc., são alguns dos nomes das indústrias que exigem um bom controlo das condições térmicas de funcionamento.

A transferência de calor é um fenómeno que ocorre em todos os estados do material por condução, convecção e radiação. É sempre afetada pelas propriedades termofísicas e ópticas do material. Para um sistema específico, a forma, o tamanho e as posições relativas são os parâmetros determinantes que afectam o processo de transferência de calor. As superfícies alargadas são uma das formas de melhorar a dissipação de energia térmica na maioria dos equipamentos modernos. Uma superfície estendida pode melhorar a taxa de transferência de calor aumentando a área da superfície molhada do sistema ou introduzindo turbulência no sistema. As barbatanas são as superfícies alargadas que aumentam a área de superfície de um corpo para melhorar a interação térmica com o meio envolvente. Por outro lado, as superfícies alargadas, como os geradores de vórtice ou os winglets, introduzem turbulência no fluido para obter uma mistura adequada do fluido e aumentar a taxa de transferência de calor de uma superfície sólida para um fluido. Ambos os tipos de superfícies alargadas têm a sua própria aplicação em diferentes áreas.

A melhoria da transferência de calor através de dissipadores de calor é um aspeto crítico da gestão térmica em dispositivos e sistemas electrónicos. Os componentes electrónicos, como CPUs, GPUs e amplificadores de potência, geram calor durante o funcionamento e uma dissipação de calor eficiente é essencial para evitar o sobreaquecimento, garantir um desempenho ótimo e prolongar a vida útil dos componentes. Os dissipadores de calor desempenham um papel fundamental neste processo, empregando vários mecanismos para melhorar a transferência de calor. Esta introdução explora os princípios fundamentais e as estratégias envolvidas na melhoria da transferência de calor através de dissipadores de calor.

Importância da transferência de calor na eletrónica: Os dispositivos electrónicos continuam a avançar em termos de complexidade e desempenho, resultando em densidades de potência mais elevadas. Como consequência, a dissipação eficaz do calor torna-se cada vez mais crucial para manter a fiabilidade e a funcionalidade dos componentes electrónicos. A transferência de calor é o processo pelo qual a energia térmica é transportada de uma região para outra e, nos sistemas electrónicos, é imperativo afastar eficazmente este calor dos componentes sensíveis.

Princípios básicos da transferência de calor: Os três principais mecanismos de transferência de calor - condução, convecção e radiação - constituem a base da dissipação de calor em sistemas electrónicos. A condução envolve a transferência de calor através de um material, a convecção baseia-se no movimento de fluidos (normalmente ar) para transportar o calor e a radiação é a emissão de ondas electromagnéticas. A compreensão e otimização destes mecanismos são essenciais para a conceção de dissipadores de calor eficazes.

Papel dos dissipadores de calor: Os dissipadores de calor funcionam como soluções de gestão térmica, fornecendo um caminho para o calor se afastar dos componentes electrónicos. Normalmente feitos de materiais com elevada condutividade térmica, como o alumínio ou o cobre, os dissipadores de calor oferecem um caminho condutor para o calor fluir do componente para o próprio dissipador de calor. As aletas no dissipador de calor aumentam a área de superfície, promovendo a transferência de calor por convecção para o ar circundante.

Estratégias para melhorar a transferência de calor: Para melhorar a eficiência da transferência de calor, os engenheiros utilizam várias estratégias. Estas incluem a otimização do design das aletas para uma melhor convecção, a seleção de materiais com uma condutividade térmica superior e a garantia de materiais de interface térmica adequados para melhorar a condução entre o componente eletrónico e o dissipador de calor. Além disso, a incorporação de técnicas de arrefecimento avançadas, como tubos de calor ou sistemas de arrefecimento líquido, pode melhorar ainda mais a dissipação de calor.

Tecnologias emergentes e inovações: Os esforços de investigação e desenvolvimento em curso centram-se no avanço das tecnologias de dissipadores de calor. Isto inclui a exploração de novos materiais, como o grafeno, e abordagens de design inovadoras para maximizar a transferência de calor, minimizando a pegada física. A integração de sistemas inteligentes de gestão térmica, que respondem a variações de temperatura em tempo real, é outra área de exploração.

Em conclusão, a melhoria da transferência de calor através de dissipadores de calor é fundamental para manter o equilíbrio térmico em dispositivos electrónicos. medida que a tecnologia evolui, a melhoria contínua da conceção e dos materiais dos dissipadores de calor continua a ser um aspeto fundamental para garantir a fiabilidade e o desempenho dos sistemas electrónicos. Com o avanço da tecnologia, os equipamentos modernos estão a ficar mais pequenos. Isto cria um enorme desafio para os engenheiros térmicos, que têm de conceber e desenvolver um sistema eficaz no menor espaço possível e com a menor quantidade de material. A adição de uma superfície alargada aumenta sempre o custo do material e o peso total do sistema. O presente trabalho é um esforço nesse sentido para otimizar ambos os parâmetros. O capítulo seguinte apresenta uma breve panorâmica dos trabalhos efectuados até à data, considerando diferentes tipos de superfícies estendidas. De seguida, define-se o enunciado do problema. Os capítulos seguintes descrevem as formulações matemáticas, a definição do sistema e os resultados obtidos. No final, são apresentadas as observações finais.

Capítulo 2

Revisão da literatura

As superfícies alargadas são uma das formas mais eficazes de expelir o calor de um domínio sólido para um fluido. Com a compreensão da transferência de calor, as formas das alhetas são optimizadas para obter a sua máxima eficiência. No passado, foi efectuado um grande número de estudos neste domínio. De seguida, apresentam-se alguns dos trabalhos alistados sob o título de pesquisa bibliográfica:

Quadro 2.1 Lista da literatura revista

si. Não.	Nome do(s) autor(es)	Ano	Conclusões dos autores
1	Wang e Tao	1994	Os autores propuseram um conjunto de placas alinhadas em diferentes ângulos em relação à direção do fluxo de ar. Os resultados estão de acordo com os dados experimentais disponíveis na literatura. Observou-se que o aumento do ângulo oblíquo e do comprimento da placa aumentou a intensidade da transferência de calor e a queda de pressão.
2	Laor e Kalman	1995	Os autores efectuaram uma análise térmica da geometria longitudinal e anular das alhetas. Inclui também espinhas cilíndricas, cónicas e parabólicas. Os estudos foram efectuados analiticamente. Este trabalho apresentou as correlações numéricas entre os parâmetros de desempenho e as dimensões óptimas das alhetas.
3	Dejong e Jacobi	1996	Foi efectuada uma análise de grandes matrizes com placas planas em geometrias de faixas deslocadas. Os resultados mostram os efeitos do derramamento de vórtices e do crescimento da camada limite na

		matriz. O trabalho apresentou a contribuição relativa do reinício da camada limite para a transferência de calor e a formação de vórtices.
4	Zhang *et al.*	**1996** O estudo foi efectuado para estimar o efeito da geometria, ou seja, a espessura finita e a disposição das alhetas, ou seja, em linha e escalonadas, no desempenho térmico. Os autores identificaram o efeito dos vórtices na taxa de transferência de calor e na perda por fricção do sistema.
5	Hubner e Kunstler	**1997** Os autores utilizaram tubos com alhetas com diferentes formas de alhetas, como a forma trapezoidal, a forma em T e a forma em y. Este trabalho mostra que a utilização de alhetas de diferentes formas melhorou a taxa de transferência de calor em comparação com um tubo simples. O estudo foi efectuado para o efeito da geometria das alhetas e da rugosidade da superfície no coeficiente de transferência de calor separadamente.
6	Mendez *et al.*	**1999** Os autores analisaram o efeito do espaçamento das alhetas num permutador de calor de placas e tubos. Consideraram o parâmetro não dimensional como o espaçamento entre alhetas e o diâmetro do tubo. Com base nisso, os fluxos foram classificados em dois tipos: o fluxo é Hele-shaw, se o parâmetro for pequeno, e um vórtice em ferradura, à medida que o parâmetro aumenta. No caso do vórtice em ferradura, os números de Nussult têm um valor máximo.
7	Mokheimer	**2002** Foi efectuada uma análise de diferentes perfis de alhetas anulares com base no coeficiente de transferência de calor local. Os resultados foram

SI. Não.	Nome do(s) autor(es)	Ano	Conclusões dos autores
			apresentados numa série de curvas de eficiência das alhetas para uma vasta gama de rácios de raio e parâmetros adimensionais.
8	Seg e Bruto	**2003**	Para estimar os efeitos do espaçamento entre alhetas, os autores utilizaram o tubo com alhetas anulares

SI. Não.	Nome do(s) autor(es)	Ano	Conclusões dos autores
			feixes com quatro filas em disposições escalonadas e em linha. O trabalho mostra os desenvolvimentos da camada limite e os vórtices entre as alhetas que dependem do espaçamento das alhetas em relação à altura e ao número de Reynolds.
9	Silva e Gosselin	2004	Os autores consideraram três configurações geométricas diferentes do sistema, tais como: (1) um canal aquecido vertical assimétrico em forma de L com uma entrada horizontal adiabática, (2) um canal aquecido vertical assimétrico com uma saída vertical adiabática, e (3) um canal vertical em forma de C com entrada e saída horizontais. Os resultados mostram que os três graus de liberdade têm influência na transferência de calor da parede quente para o fluido.
10	Braga e Lemos	2005	Os autores utilizaram duas abordagens: em primeiro lugar, uma abordagem poroso-contínua ou macroscópica e, em segundo lugar, uma abordagem contínua, heterogénea ou microscópica. Nos trabalhos é apresentada a correlação para modificar o número de Rayleigh macroscópico de modo a corresponder ao número de Nusselt médio que é calculado pelas duas abordagens.

11	Khan *et al.*	2008	Os autores desenvolveram modelos analíticos para analisar a taxa de transferência de calor de dissipadores de calor com alhetas escalonadas e em linha. O balanço energético do fluido no interior do dissipador de calor foi efectuado para obter o coeficiente de transferência de calor. Assim, este trabalho fornece a correlação para o número de Nusselt médio.
12	Islam *et al.*	2009	Para estimar o efeito da altura do canal na transferência de calor, foi efectuada uma experiência com um padrão de alhetas do tipo co-angular com vários canais e várias alturas de alhetas. Este trabalho mostra os fenómenos de separação do fluxo a partir da borda da aleta e a formação do vórtice. Isto leva a maiores perdas por fricção e a uma taxa de transferência de calor melhorada.
13	Pulvirenti *et al.*	2010	A experiência foi realizada com alhetas em tiras compensadas em canais rectangulares verticais. Os resultados mostram que, para cargas térmicas elevadas, a geometria interna do evaporador não influencia a transferência de calor bifásica, mas, no caso de cargas térmicas baixas, o evaporador com alhetas de tira deslocadas apresenta melhor desempenho do que o evaporador sem alhetas.
14	David *et al.*	2011	Para estimar as condições-limite desconhecidas do fluxo de calor, os autores utilizaram um algoritmo inverso baseado no método sequencial para as alhetas de forma irregular. Os resultados mostram que o método apresentado é um método estável, exato e eficiente para resolver os problemas realistas

Sl. No.	Nome do(s) autor(es)	Ano	Conclusões dos autores
			de condução de calor.
15	Ndao *et al.*	2011	Os autores efectuaram uma investigação experimental em estruturas de alhetas lisas e micro-alhetas em fase única do fluido de funcionamento. Os trabalhos mostram que os coeficientes de transferência de calor têm um aumento significativo que influencia a mistura do fluxo e a interrupção das camadas limite.
16	Pongsoi *et al.*	2011	Os autores efectuaram uma investigação sobre o desempenho do lado do ar de permutadores de calor de tubos e alhetas em espiral com número de filas de tubos e materiais das alhetas. O estudo mostra que o desempenho da transferência de calor não é influenciado nem pelo número de filas de tubos nem pelos materiais das alhetas a um número de Reynolds elevado.
17	Saad *et al.*	2011	Foi efectuada uma investigação experimental para um permutador de alhetas de tiras deslocadas. Neste estudo, foi estabelecida uma correlação para o fator de atrito a partir de experiências

Sl. Não.	Nome do(s) autor(es)	Ano	Conclusões dos autores
			que abrange os regimes laminar, transiente e turbulento.
18	Torabi *et al.*	2012	Este trabalho centrou-se principalmente no estudo do comportamento térmico de um sistema de alhetas de diferentes formas, considerando um problema de transferência de calor conjugado. As formas consideradas foram triangular, retangular, convexa e de perfil exponencial. O estudo inclui a análise da

			condutividade térmica, da emissividade superficial, do coeficiente de transferência de calor e da taxa de geração de calor interno do sistema com a variação da temperatura. A técnica de transformação diferencial foi utilizada para estudar a eficiência da aleta e os efeitos de diferentes parâmetros físicos.
19	Calamas e Padeiro	2012	Os autores analisaram o desempenho global de alhetas em forma de árvore com diferentes escalas, materiais, rácio largura/espessura, ângulo de bifurcação e fluxo de calor. O trabalho foi efectuado computacionalmente utilizando a forma não dimensional dos parâmetros do sistema. Observou-se que, com o aumento do ângulo de bifurcação, a eficácia das alhetas aumenta, mas a sua eficiência diminui.
20	Abdullah *et al.*	2012	O estudo foi realizado experimentalmente para otimizar a abertura da ponta e o ângulo de orientação de três ventiladores piezoeléctricos. Os trabalhos revelaram uma boa concordância com a previsão e um aumento do coeficiente de transferência de calor, em comparação com a convecção natural.
21	Zhou *et al.*	2012	O autor esforçou-se por obter o fecho de um modelo baseado na teoria da média volumétrica (VAT) de uma alheta plana com superfícies rugosas à escala, avaliando os termos de fecho do modelo utilizando a dinâmica dos fluidos em computador (CFD). Os autores utilizaram a CFD para obter soluções detalhadas do escoamento e da transferência de calor através de um elemento do dissipador de calor rugoso e utilizaram estes resultados para avaliar os

			termos de fecho necessários para um modelo baseado na VAT.
22	Tariand Mehrtash	2012	Os autores realizaram uma investigação sobre alhetas de placa vertical com secção transversal retangular em orientações inclinadas. Este trabalho sugeriu um conjunto de correlações para a taxa de transferência de calor por convecção.
23	Pongsoi *et al.*	2012	Os autores realizaram uma investigação experimental sobre o efeito do passo das alhetas no desempenho da transferência de calor do lado do ar e nas características de atrito de permutadores de calor de alhetas e tubos em espiral com pés em L. Os resultados mostram que o passo das alhetas tem um efeito sobre a taxa média de transferência de calor, a queda de pressão e o fator de atrito, mas não tem influência sobre o coeficiente de transferência de calor do lado do ar e o fator de columbância.
24	Pis'mennyi	2013	O autor utilizou tubos com alhetas dobradas sob a forma de um confusor e tubos ovais planos com alhetas incompletas. Esta estrutura do sistema aumenta a taxa de transferência de calor. Este tipo de método de superfície reduz o conteúdo de material e o tamanho do sistema de transferência de calor.
25	Li *et al.*	2013	Para aumentar a taxa de transferência de calor, os autores utilizaram um gerador de vórtices longitudinais (LVGs) disposto radialmente em estruturas de aletas e tubos. Foram utilizadas três estruturas: uma aleta ondulada em forma de arco e uma superfície tubular, uma aleta e uma superfície tubular com LVGs de fluxo comum e uma aleta de

SI. Não.	Nome do(s) autor(es)	Ano	Conclusões dos autores
			placa lisa e uma superfície tubular para comparar o desempenho da transferência de calor e da queda de pressão. Este trabalho propôs uma superfície de aletas e tubos com LVGs radialmente dispostos com melhor desempenho.
26	Fan *et al.*	2013	Os autores efectuaram uma análise de um novo cilindro com alhetas oblíquas, que

SI. Não.	Nome do(s) autor(es)	Ano	Conclusões dos autores
			interrompe e reinicializa o desenvolvimento da camada limite no bordo de ataque das alhetas. Este trabalho mostra que a estrutura cilíndrica oblíqua das alhetas melhora a mistura do fluido e aumenta a transferência de calor.
27	Fan *et al.*	2013	Os autores apresentam um novo cilindro com alhetas oblíquas. Este trabalho mostra a inicialização do desenvolvimento da camada limite hidrodinâmica no bordo de ataque para a aleta seguinte a jusante. Os resultados mostram uma melhoria significativa no aumento da transferência de calor e na queda de pressão.
28	Karathanassis *et al.*	2013	Foi efectuada uma análise para estimar o efeito da força de flutuação na transferência de calor laminar no interior de uma barbatana de placa de largura variável. Os resultados mostram que a ação conjunta dos rolos induzidos pela flutuabilidade e o padrão de fluxo secundário combinado têm influência no desempenho térmico.
29	Ndao *et al.*	2013	Os autores realizaram experiências para investigar os efeitos da área do fluxo cruzado e das formas das alhetas dos micro-pinos na fase única do impacto do jato. Este trabalho mostra que o efeito do fluxo

			cruzado não tem influência no coeficiente de transferência de calor, enquanto o aumento da área desempenhou um papel importante no aumento global da transferência de calor.
30	Huang *et al.*	2014	Este trabalho é um esforço para estimar o diâmetro ótimo de perfuração das alhetas. Os autores consideraram a diferença de temperatura desejada entre as placas de base (temperatura média) e o ambiente. A queda de pressão do sistema também é tida em consideração. Este trabalho considerou três métodos de conceção para análise. Para minimizar a diferença de temperatura e a queda de pressão, inicialmente, foram consideradas cinco variáveis de projeto, depois quatro e apenas uma. Foi observada uma redução apreciável da temperatura média da placa de base em comparação com o conjunto de alhetas sólidas.
31	Singh e Patil	2014	Os autores têm uma superfície irregular sob a forma de impressões em relevo. O desempenho da transferência de calor é expresso no rácio de aumento do número de Nusselt e na eficácia da alheta em relevo para vários ângulos. Assim, os resultados mostram que o número de Nusselt para a alheta em relevo tem um valor de 2,86 num ângulo de impressão de 45 e um passo de impressão de 12 mm em comparação com a alheta lisa.
32	Ventola *et al.*	2014	Foi efectuada uma análise de superfícies planas rugosas para melhorar a transferência de calor por convecção. Os autores utilizaram a sinterização direta de metais por laser (DMLS) para produzir

			superfícies rugosas. A transferência de calor é melhorada em 73% em comparação com superfícies lisas.
33	Jeng *et al.*	2014	O autor utilizou passagens verticais múltiplas com superfície radialmente alhetada. Neste trabalho foi utilizada uma ventoinha com um motor. Assim, este mecanismo ajudou a realizar a transferência de calor por convecção forçada internamente e por convecção natural externamente. A transferência de calor radioativo foi também um modo de participação no sistema. O autor propôs uma formulação empírica para o número de Nusselt.
34	Singh e Dash	2014	Neste trabalho, os autores analisaram numericamente o número de Nusselt para uma esfera com aletas em regime laminar e turbulento. Este estudo foi efectuado para várias alturas de alhetas e rácio entre o diâmetro da esfera e o passo das alhetas e o diâmetro da esfera.
35	Sajedi *et al.*	2014	Para otimizar o número de alhetas, os autores efectuaram uma análise experimental. Os resultados são influenciados pela transferência de calor, pelo número de Nusselt médio da alheta e pelo
SI. Não.	**Nome do(s) autor(es)**	**Ano**	**Conclusões dos autores**
			distribuição de temperatura. Assim, nos trabalhos são propostos o número de Nusselt médio das alhetas, a escala de comprimento caraterística que é utilizada na formação da correlação para o permutador de calor atual.
36	Kundu e Lee	2014	Para estimar a forma mínima das alhetas porosas, os

			autores efectuaram uma análise da forma óptima das alhetas porosas para uma taxa de transferência de calor limitada. Este trabalho mostra que a taxa de transferência de calor é influenciada pelos parâmetros termofísicos do fluxo de fluido e da porosidade.
37	Ryu e Lee	2014	Os autores efectuaram um estudo sobre alhetas onduladas com persianas para estimar a transferência de calor e as correlações de fluxo de fluido. O trabalho apresentou correlações de fluxo de fluido que são utilizadas para descrever o desempenho do permutador de calor.
38	Huang *et al.*	2015	Foi feita uma análise para obter uma forma óptima da aleta. O método utilizado foi de natureza iterativa. Os resultados foram validados com os dados variáveis. Os resultados mostram que, à medida que a humidade relativa aumenta, o volume da aleta tem de ser aumentado. Isto também aumenta o rácio de condutividade, o número biot do tubo interior e a eficiência da alheta. No entanto, o número biot do tubo exterior diminui com a forma óptima da alheta anular.
39	Almendro s-Ibaner *et al.*	2015	Os autores analisaram a eficiência e a eficácia da alheta com uma temperatura prescrita na ponta e uma área de secção transversal constante para superfícies estendidas. Neste trabalho, o produto do parâmetro de desempenho da aleta (m) e o comprimento da aleta (L) foram comparados com o seu valor crítico. O produto é de natureza não dimensional. Também se observou que, à medida que o rácio de excesso de

| 40 | Lee *et al.* | 2015 | temperatura é superior a 0,25, a eficiência da alheta diminui com a alteração de mL. |

| 40 | Lee *et al.* | 2015 | Este estudo foi efectuado com o objetivo de apresentar uma nova formulação para o número de Nusselt. Os autores analisaram a convecção natural para vários números de alhetas, alturas de alhetas e temperaturas de base. O estudo inclui a análise de aletas triangulares sobre um cilindro vertical. A relação empírica proposta foi considerada aplicável para um número limitado de casos e pode ser útil para a formulação do projeto de um dissipador de calor. |

| 41 | Jeng *et al.* | 2015 | Os autores utilizaram barbatanas de alfinete com vários comprimentos de lado e espaço de intervalo. Este espaço de intervalo é preenchido por contas de latão. Assim, os autores observaram alterações no comportamento da transferência de calor no escoamento de fluidos. O resultado mostra um aumento da transferência de calor do sistema para o mesmo número de Reynolds em comparação com os dissipadores de calor puros com alfinetes e com os dissipadores puros com esferas de latão. |

| 42 | Yeom *et al.* | 2015 | Os autores realizaram uma experiência de transferência de calor num único canal com uma combinação de componentes de arrefecimento activos e passivos. O agitador de translação piezoelétrico foi utilizado como componente de arrefecimento ativo, o que provoca uma forte turbulência do ar com uma lâmina que oscila a uma frequência elevada sobre a superfície de micro-aletas |

no canal. Neste trabalho é apresentada a influência da avaliação, da aleta de pino e da agitação no desempenho térmico. Os resultados mostram que a transferência de calor é melhorada em comparação com a superfície lisa sem agitação.

SI. Não.	Nome do(s) autor(es)	Ano	Conclusões dos autores
43	Pakrouh *et al.*	2015	Para otimizar a geometria da aleta de pino baseada em PCM, os autores realizaram trabalhos numéricos. Estes trabalhos são efectuados para analisar a variação do volume de PCM em processo de fusão e convecção natural a várias temperaturas críticas, número de alhetas, altura das alhetas e também espessura do sistema térmico. Assim, são apresentados os resultados da relação entre os materiais de mudança de fase (PCM) e os melhoradores de condutividade térmica (TCE) e a espessura da base afecta menos o tempo de funcionamento do que outros parâmetros de conceção para todas as temperaturas críticas.
44	Mosayebidorche h *et al.*	2015	Para estimar a conceção da geometria da alheta a um volume constante da alheta com quatro formas diferentes (retangular, convexa, triangular e côncava) que foram utilizadas para maximizar a transferência de calor. Os parâmetros eficazes são o rácio da espessura da alheta, o índice de potência do coeficiente de convecção, o parâmetro de potência do perfil, a espessura da base e o material da alheta. O método dos mínimos quadrados é utilizado para resolver a metodologia. No entanto, o aumento do

			rácio da espessura das alhetas provoca uma diminuição da transferência de calor.
45	Awasarmolândia Pise	2015	Os autores analisaram um conjunto de alhetas rectangulares perfuradas com vários ângulos de inclinação para melhorar a transferência de calor por convecção natural. Esta disposição considerada aumenta o coeficiente de transferência de calor em 7% e poupa 30% de material em massa.
46	Zhao *et al.*	2015	A análise foi efectuada em mini-aletas escalonadas com a mesma altura e espaçamento transversal num canal retangular. Os autores utilizaram diferentes formas, como circular, elíptica, quadrada, diamante e triangular. Assim, os autores observaram um aumento de Re e uma diminuição do fator de atrito da alheta.
47	Sheikholeslami *etal.*	2015	Os autores utilizaram uma técnica passiva para obter uma transferência de calor mais eficiente. A técnica passiva considerou a inserção de um dispositivo de fluxo em redemoinho que melhorou a transferência de calor por convecção através da alteração da geometria da superfície.
48	Feng *et al.*	2015	Foi considerada uma via de alta condutividade em forma de "+" num modelo de geração de calor, com o objetivo de minimizar a temperatura de pico sem dimensão. Os resultados mostram uma redução de 75,79% na temperatura de pico adimensional minimizada em comparação com uma via em forma de "X".
49	Chen *et al.*	2015	Os autores consideraram um corpo semelhante a uma folha para aumentar a taxa de transferência de calor.

SI. Não.	Nome do(s) autor(es)	Ano	Conclusões dos autores
			No entanto, o aumento do número de Biot e do rácio de condutividade térmica tem um efeito favorável na taxa de transferência de calor.
50	Z.Iqbal *et al.*	2015	O trabalho centrou-se na análise da conceção óptima de alhetas longitudinais com coeficiente máximo de transferência de calor. Os resultados mostram que a conceção óptima de tal sistema tem de se basear na condutividade do material, no número de alhetas, no comprimento caraterístico e no número de pontos de controlo.
51	Shen *et al.*	2015	Os autores utilizaram alhetas longitudinais com cilindro vertical para dissipar o calor em lâmpadas LED e dispositivos eléctricos. O problema foi simulado com CFD. Os resultados mostram uma nova correlação para o número de Nusselt.
52	Hong e Chung	2015	Neste texto, foi efectuada uma análise de um canal aberto com placa de alhetas para vários espaçamentos entre alhetas. O FLUENT foi utilizado para a análise térmica. Observou-se que, para o presente sistema, o número de Prandlt diminui com o aumento do espaçamento ótimo das alhetas.
53	Wu *et al.*	2015	Os autores consideraram o mecanismo de formação de gelo numa superfície alhetada. Este mecanismo provoca um aumento da resistência à transferência de calor e da resistência ao escoamento. Assim

SI. Não.	Nome do(s) autor(es)	Ano	Conclusões dos autores
			Os resultados mostram que o peso do gelo por unidade de área na região das alhetas é superior ao da região da base.

54	Ahmed *et al.*	2015	Os autores consideraram uma conduta triangular equilátera utilizando um gerador de vórtices combinado com nanofluidos. Assim, os resultados mostram uma melhoria significativa na transferência de calor utilizando o gerador de vórtices com fluido de base.
55	Zhang *et al.*	2015	Os autores consideraram parâmetros como a variável dos ângulos de ataque e o rácio entre o comprimento de onda e o comprimento da alheta. Neste caso, comparam os resultados numéricos com os dados experimentais, encontrando assim o fator de colbum e o fator de atrito. Os resultados mostram que o fator de colbum aumentou primeiro e depois diminuiu com o aumento do ângulo de ataque e a relação proposta entre os ângulos de ataque e a relação entre a altura da alheta e o comprimento da alheta.
56	Kundu e Lee	2015	Para analisar os efeitos das propriedades psicométricas do ar sobre a forma mínima das alhetas húmidas, os autores estudaram neste trabalho. Este trabalho apresenta a seleção da função da razão de humidade como temperatura da superfície da alheta que tem um papel vital no cálculo do peso mínimo de uma alheta.
57	YcomeZ *al.*	2015	Os autores consideraram matrizes de micro-aletas num retângulo estreito com diferentes taxas de fluxo. Os resultados mostram que os efeitos fluidodinâmicos gerados em torno de micro-aletas melhoram a transferência de calor.
58	Wu *et al.*	2015	Os autores efectuaram uma análise de um mini tubo plano multicanal com micro alhetas de ângulo de

			hélice 0 alinhadas com a direção do fluxo. Os resultados mostram que a queda de pressão aumenta com o aumento do fluxo de massa e do fluxo de calor ou com a diminuição da temperatura de saturação, o que melhora a transferência de calor.
59	Abou-Ziyan *et al.*	2016	O estudo foi efectuado sobre um tubo liso e um tubo com alhetas nos seus aspectos térmicos. O tubo com alhetas tinha alhetas helicoidais e foi rodado a diferentes velocidades. Os parâmetros determinantes, nomeadamente o número de Nusselt e o fator de atrito, foram representados em termos de Re, Ta, Pr e variáveis físicas da alheta. No caso do tubo com alhetas, os autores observaram um aumento de Nu e do rácio entre a troca de calor e a potência de bombagem em comparação com o tubo estacionário simples.
60	Sajedi *et al.*	2016	Analisar o efeito do divisor no comportamento hidrotérmico de um dissipador de calor de alhetas. Assim, os resultados mostram que o dissipador de calor circular de alhetas com divisor reduz a queda de pressão com a diminuição da resistência térmica e o aumento do fator de lucro.

2.1 Resumo:

A melhoria da transferência de calor é um aspeto importante em várias aplicações. Durante a pesquisa bibliográfica, observou-se um bom número de trabalhos relacionados com a melhoria da difusão de calor em circuitos electrónicos, sistemas de aquecimento, etc. A este respeito, uma superfície alargada do sistema de trabalho proporciona um aumento da área de superfície para aumentar a difusão da energia térmica. Uma utilização eficaz da área de superfície molhada é o aspeto mais importante em tais aplicações. Um aumento da área de superfície nem sempre garante um aumento da taxa de transferência de calor. Por conseguinte, é necessário estudar a otimização dos factores associados à geometria da superfície alargada. O trabalho de revisão de várias literaturas mostra que muitos autores trabalham em diferentes geometrias das alhetas. Estas formas são apresentadas a seguir. Uma superfície alargada pode aumentar a taxa de transferência de calor induzindo turbulência, circulação, etc. no interior do meio fluido participante. No entanto, uma superfície alargada acrescenta material extra e aumenta o peso do sistema. Assim, pode-se trabalhar nesta área para reduzir a relação entre o peso e a taxa de transferência de calor de tais sistemas em várias aplicações.

Aletas anulares	■ Alheta em espiral frisada
aletas helicoidais	■ Barbatana de tira deslocada
barbatana longitudinal	■ Barbatana de placa
Barbatanas ramificadas em forma de árvore	■ Barbatana em forma de espiral com pés em L
Barbatanas transversais tubulares	
Barbatana de pino	■ Conjunto de micro-aletas
"+" - barbatana em forma	o Barbatanas de pinos circulares
Barbatana em relevo	o Barbatanas de pinos elípticos
Barbatana perfurada	o Barbatanas de pinos hidrodinâmicos
Mini aletas de pinos de diferentes formas	o Barbatanas de pino quadrado
Fase exterior 2 disposições de deflectores	■ Barbatana ondulada com persiana
Superfícies rugosas	■ Canal de alhetas com rebordo
Barbatanas radiais	■ Barbatana quadrada com divisor
Corpo em forma de folha	■ Gerador de vórtice
Barbatana ondulada	o Asa delta
Barbatanas oblíquas	o Asa retangular
Barbatanas de forma irregular	o Par de asas delta
	o Par de asas rectangulares

Capítulo 3

Motivação, roteiro e trabalho proposto

O trabalho de revisão de diversa literatura mostra numerosos trabalhos realizados até à data no domínio das superfícies alargadas. As superfícies alargadas, ou seja, as alhetas, sempre foram um meio eficaz de dissipar o calor a um ritmo mais rápido. A forma, o tamanho e a disposição dessas superfícies dependem da aplicação. As secções seguintes explicam a finalidade e o objetivo do trabalho pretendido durante este projeto.

3.1 Motivação

As superfícies estendidas ou alhetas são utilizadas na maioria dos equipamentos modernos, por exemplo, motores, bombas, motores, circuitos electrónicos e vários dispositivos mecânicos, eléctricos e electrónicos, etc. O principal objetivo das alhetas é rejeitar o excesso de calor utilizando o máximo de área de superfície. A adição de superfícies não só aumenta a área global da superfície molhada do equipamento, como também aumenta o peso global e afecta direta ou indiretamente o consumo de energia e a economia global do sistema. No entanto, na maioria dos cenários, o ideal é utilizar a menor quantidade de espaço possível, obtendo ao mesmo tempo um elevado nível de desempenho.

A transferência de calor em fluidos é sempre uma tarefa difícil devido ao valor mais elevado da resistência térmica. Uma utilização eficaz da área de superfície molhada de uma superfície estendida proporciona sempre uma melhor taxa de transferência de calor, aumentando o período de contacto entre o sólido e o fluido ou introduzindo turbulência no domínio do fluido. O presente trabalho é um esforço nesse sentido.

3.2 Trabalho proposto

Com o avanço da tecnologia, as actividades quotidianas das pessoas tornaram-se mais dependentes dos produtos electrónicos. O campo da eletrónica também está a evoluir a um ritmo muito rápido e tudo o que nos rodeia está a ficar mais pequeno de dia para dia. A evolução destes produtos exige também um sistema de dissipação de calor eficaz e eficiente num espaço mínimo possível. Por conseguinte, para reduzir a dimensão global de um sistema de aletas, o trabalho visa a proposta e a análise térmica de um conjunto de aletas. O estudo inclui também a simulação e a análise de diferentes formas e disposições das alhetas existentes dispostas sobre uma placa de base.

3.3 Mapa rodoviário

Para atingir o objetivo definido, a duração do projeto é dividida num determinado número de actividades. A linha de tempo decidida é a apresentada na secção seguinte.

Quadro 3.3 Calendário dos trabalhos do projeto proposto

Duração (mês)	Tarefa
1	Análise experimental inicial
2	Validação do solucionador numérico com dados experimentais
3	Simulação térmica de várias geometrias de alhetas
5	Proposta e análise de uma nova geometria de barbatana
1	Elaboração do relatório

Capítulo 4

Geometria e formulações

Com o objetivo de conceber e desenvolver uma nova forma de alhetas, foi inicialmente realizado um estudo experimental. A experiência ajudou a compreender o fenómeno básico de funcionamento das alhetas. O trabalho definido tem de ser efectuado numericamente. Por conseguinte, a modelação numérica também foi efectuada juntamente com a experiência. A validação do solucionador desenvolvido é o passo mais importante na realização de qualquer trabalho numérico. Em seguida, descreve-se a montagem experimental. Com base na conceção da instalação experimental, é preparado um modelo do sistema. O modelo é preparado com base na física da transferência de calor por condução-convecção conjugada.

4.1 Configuração experimental e geometria

No presente trabalho, foi efectuada uma análise experimental para compreender o desempenho de um conjunto de feixes de tubos com alhetas dispostas de forma escalonada. A Figura 4.1a mostra a configuração experimental utilizada para o presente estudo. A instalação consiste numa conduta vertical de secção transversal quadrada. Um ventilador de fluxo axial é colocado imediatamente abaixo do sensor de temperatura de saída. O ar entra na conduta pela parte inferior e sai pela parte superior. As alhetas são colocadas sobre uma placa de base, como se mostra na Fig. 4.1b. As alhetas com a placa de base estão ligadas à unidade de aquecimento (Fig. 4.1b). Esta configuração é colocada no interior da conduta com alhetas normais à direção do fluxo de ar (Fig. 4.1a). São colocados sensores de temperatura à entrada e à saída da conduta para medir a temperatura do ar. O termopar é fornecido para medir a temperatura ao longo do comprimento da alheta. A unidade de visualização e controlo permite controlar as rotações do ventilador e a quantidade de calor fornecida à unidade de aquecimento. A instalação também fornece unidades separadas para a análise térmica de uma placa nua (sem alhetas) e de uma superfície com alhetas.

Foi preparado um modelo no ANSYS 17.1 (Fluent) para efetuar numericamente a análise térmica das alhetas. No presente trabalho, apenas é considerado o conjunto de feixes de tubos dispostos de forma escalonada. A Figura 4.2a mostra o esquema de um conjunto de feixes de tubos colocados no interior de uma conduta de secção transversal quadrada de dimensão $L*H*L$. O feixe de tubos é montado sobre uma placa de base de dimensão $Z* *Z* xHi>$. Sendo D e I o diâmetro e a altura das alhetas, respetivamente, as alhetas mantêm passos longitudinais e transversais de SL e ST, respetivamente.

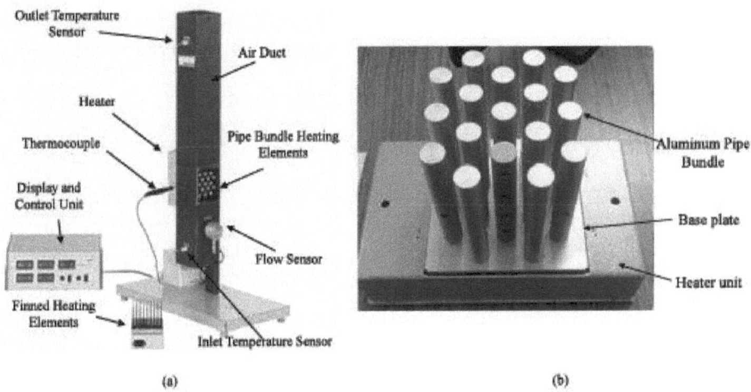

Fig. 4.1 A configuração experimental de (a) aparelho de convecção de calor e (b) elemento de aquecimento do feixe de tubos.

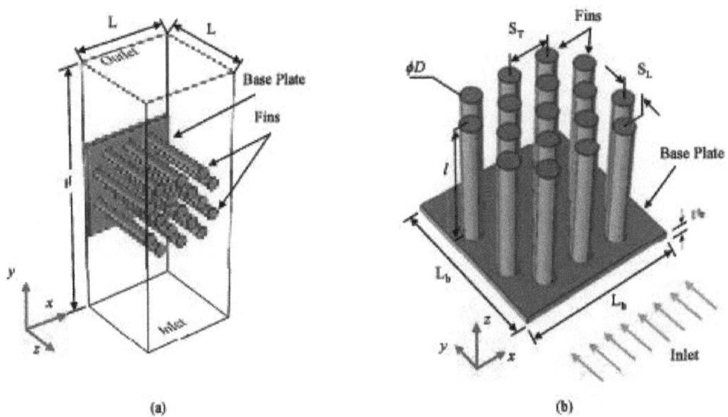

Fig. 4.2 Representações esquemáticas de (a) modelo computacional e (b) arranjo de feixes de tubos escalonados.

4.2 Formulações

As alhetas são as superfícies alargadas que facilitam a melhoria da taxa de transferência de calor, proporcionando uma melhor área de superfície. Na presente configuração experimental, as alhetas são alimentadas com uma quantidade pré-determinada de fluxo de calor *(q)* a partir da placa de base. A análise do desempenho da geometria das alhetas disponíveis requer a medição dos parâmetros termofísicos do sistema. O número de Nusselt (Nu) e o coeficiente de transferência de calor por convecção *(h)* são os dois parâmetros importantes que ajudam a compreender a eficácia do processo de transferência de calor da superfície sólida para o fluido circundante. Quanto mais elevados forem Nu e *h,* melhor será a taxa de dissipação de calor. No estudo experimental, as alhetas cilíndricas são estudadas num cenário de convecção forçada, em condições de estado estacionário. O número de Nusselt é um número não-dimensional que dá uma ideia da força relativa da taxa de convecção em relação à taxa de condução num fluido e é dado por

$$h = \frac{q}{(T_{fin} - T_{\infty})} \qquad (4.1)$$

$$Nu = \frac{hL_c}{k_f} \qquad (4.2)$$

onde k_f, T_{fin}, T_{∞} e L_c são a condutividade térmica do fluido, a temperatura média da aleta, a temperatura do ar ambiente e o comprimento caraterístico da aleta, respetivamente. O fluxo de calor no comprimento caraterístico da geometria é a dimensão que pode afetar a física e pode ser calculado como $L_c = 4V/A$.

A análise numérica é uma ferramenta útil na simulação virtual de problemas de engenharia. Ajuda a compreender o problema e a interdependência matemática dos vários parâmetros do processo. Isto requer uma compreensão profunda da física e das equações que a regem. A interação térmica entre uma superfície sólida e um fluido requer a participação de todos os modos de transferência de calor, nomeadamente a condução, a ligação e a radiação. No presente estudo numérico, a geometria da aleta é formulada utilizando a física da condução-convecção conjugada. Para evitar qualquer complexidade, o modo radiativo de transferência de calor foi negligenciado.

A transferência de calor em estado estacionário em qualquer sistema térmico é
dada pela equação da energia,

$$\vec{V}.\nabla T = \alpha \cdot \nabla^2 T \qquad (4.3)$$

em que T, $\vec{V}$ e a são a temperatura, a velocidade e a difusividade térmica do
meio. A velocidade $\vec{V}$ é a velocidade total e depende da coordenada espacial. A
fim de estimar o campo de velocidade no domínio computacional, é necessário
resolver as equações de conservação da massa e de conservação do momento.
Equação de conservação de massa:

$$\nabla.\vec{V} = 0 \qquad (4.4)$$

Equação de conservação do momento:

$$\vec{V}.\nabla\vec{V} = -\frac{1}{\rho}\nabla p + \nu(\nabla^2\vec{V}) \qquad (4.5)$$

A geometria considerada (Fig. 4.2) requer a solução simultânea das equações
acima (Eq. 4.3-4.5) para obter a distribuição da temperatura, da velocidade e da
pressão. O método dos volumes finitos (MVF) é utilizado para discretizar
numericamente a equação governante (Eq. 4.3-4.5). A solução das equações
acima requer condições conhecidas na fronteira. As condições de fronteira são
assumidas tendo em conta as condições durante a experiência. A entrada (x, 0, z)
está sujeita a uma velocidade uniforme $|\vec{V}|$ do ar de entrada no estado isotérmico
de T_{in} $(=T_\infty)$. A saída (x, H, z) do domínio computacional está aberta às condições
atmosféricas. Por conseguinte, está sujeita à pressão atmosférica (P_{gauge}). Estando
afastada da geometria da alheta, assume-se que a saída da conduta está no estado
isotérmico de T_{2a} . As paredes laterais (Esquerda: (0, y, z); Direita: (L, y, z);
Frente: (x, y, L); Trás: (x, y, 0)) da geometria são colocadas em condições de
não deslizamento $(|\vec{V}| = 0)$ e isotérmicas (T_∞).
Durante a pesquisa bibliográfica, observou-se que Khan et al. (2008) efectuaram
um estudo semelhante sobre disposições escalonadas e em linha de geometrias

de alhetas cilíndricas. Os autores propuseram uma relação matemática entre vários parâmetros geométricos e as médias Nu e h. Em geral, observa-se que a Nu depende de Re e Pr do sistema, e é dada por

$$Nu = \frac{hL_C}{k_f} = C_1 \, \text{Re}^{1/2} \, \text{Pr}^{1/3} \tag{4.6}$$

em que o número de Reynolds $\text{Re} = \dfrac{\rho U_{max} L_C}{\mu}$ é um parâmetro do escoamento e o número de Prandlt $\text{Pr} = \dfrac{\nu}{\alpha}$ é uma propriedade dependente da temperatura. Com S_T, S_L e $S_D = \sqrt{\left(S_L^2 + (S_T/2)^2\right)}$ como o passo transversal, o longitudinal e o diagonal, respetivamente, o coeficiente C)e a velocidade máxima no domínio do escoamento podem ser calculados utilizando as seguintes relações

$$C_1 = \frac{0.61 \left(\dfrac{S_T}{D}\right)^{0.091} \left(\dfrac{S_L}{D}\right)^{0.053}}{\left[1 - 2\exp\left(-1.09\dfrac{S_L}{D}\right)\right]} \tag{4.7}$$

$$U_{max} = \left(\frac{S_T}{S_T - D}U_\infty, \frac{S_T}{2(S_D - D)}U_\infty\right) \tag{4.8}$$

No presente estudo, o coeficiente de atrito da pele é calculado para analisar a quantidade de força de arrasto experimentada pela geometria da barbatana. A equação 4.9 é utilizada para calcular o coeficiente de atrito da pele. Esta equação mostra o efeito da tensão de cisalhamento e da pressão dinâmica na geometria da barbatana. O Q é um parâmetro não dimensional que dá uma ideia do arrasto induzido.

$$C_f = \frac{\tau_s}{\dfrac{1}{2}\rho U_\infty^2} \tag{4.9}$$

em que p é a densidade do fluido e U_x é a velocidade do fluxo livre.

Após a validação do solucionador numérico, o trabalho é alargado para estudar uma disposição escalonada de alhetas de várias formas de secção transversal.

São consideradas as alhetas de secção transversal hexagonal, pentagonal, triangular e em forma de gota (Fig. 4.3) colocadas sobre a placa de base. As formas de alhetas consideradas são analisadas sob várias condições de velocidade de entrada. Para efeitos de comparação do desempenho térmico destas alhetas, todas as outras condições são mantidas iguais.

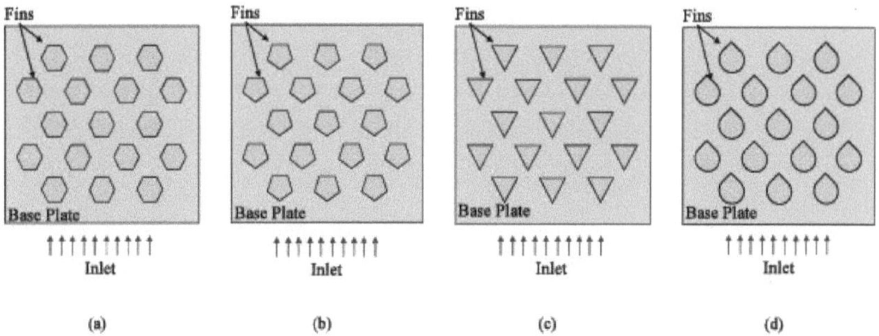

Fig. 4.3 Representações esquemáticas de (a) Hexagonal, (b) Pentagonal, (c) Triangular, (d) Forma de gota

com disposição escalonada das aletas sobre a placa de base.

Em seguida, com o objetivo de aumentar a taxa de transferência de calor e de reduzir as deficiências das formas regulares (Fig. 4.3), foi feito um esforço para introduzir três novas formas de alhetas (Fig. 4.4). As formas são decididas de modo a aumentar a interação térmica entre o fluido e as superfícies sólidas. Os desempenhos das geometrias consideradas são comparados com os da alheta cilíndrica. As dimensões das alhetas são calculadas com base no volume constante do sistema e, por conseguinte, no peso também. A fim de manter a uniformidade, a altura das alhetas também é mantida uniforme em comparação com as formas regulares das alhetas.

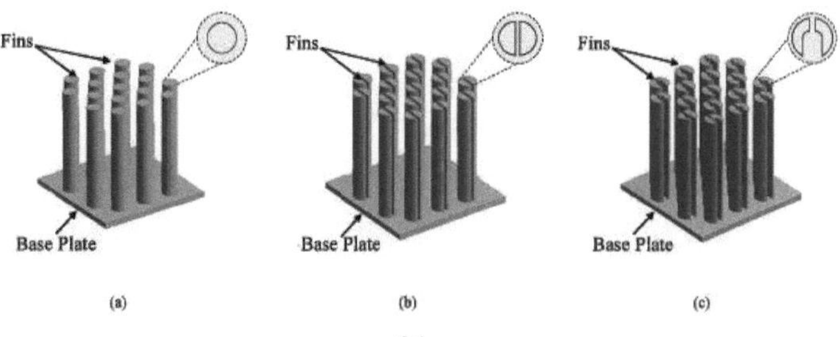

Fig. 4.4 Representações esquemáticas de (a) Caso **A,** (b) Caso B, (c) Caso C disposição de feixes de tubos escalonados.

Capítulo 5

Resultados e discussão

A análise do desempenho das geometrias das aletas é iniciada com a validação do modelo numérico. Foi desenvolvido um modelo computacional baseado na dinâmica do escoamento. O modelo de transferência de calor conjugado considerado é validado utilizando os dados experimentais e os resultados obtidos a partir dos resultados empíricos propostos por Khan et al. (2008).

5.1 Validação

Foi desenvolvido um modelo numérico com base na configuração experimental (Fig. 4.1). As condições de fronteira são consideradas com base no cenário experimental. Considera-se um número de 17 alhetas cilíndricas (D= 15 mm, Z= 105 mm) colocadas sobre uma placa de base de dimensões 118 mm x 118 mm * 5 mm. As alhetas estão dispostas em 3 filas de 3 alhetas e 2 filas de 4 alhetas. O arranjo é colocado dentro de uma conduta quadrada de dimensão 120 mm x 120 mm x 628 mm (Fig. 4.2a). No modelo numérico, a altura da conduta quadrada é mantida em 628 mm em vez dos 1000 mm da configuração experimental atual. A fim de reduzir o tamanho do domínio computacional e anular o efeito da condição de saída, é feita a consideração acima. Durante a experiência, a geometria da alheta, juntamente com a placa de base, é sujeita a um calor total de 115 W, normal à parte inferior da placa de base. As experiências são efectuadas em cinco condições ambientais diferentes. Os resultados são anotados em condições de estado estacionário do sistema. A fim de verificar a repetibilidade do sistema de medição, são registadas cinco leituras correspondentes a uma única definição dos parâmetros do processo (Quadro A.l, Apêndice).

As relações empíricas propostas por Khan et al. (2008) referem-se a um caso geral. Sem o conhecimento das condições de fronteira, qualquer disposição escalonada das alhetas cilíndricas pode ser analisada. As relações apresentadas no capítulo anterior fornecem o valor de Nu e h em termos de parâmetros geométricos, *SL, ST e SD*- Os Re e Pr são os parâmetros dependentes do escoamento que podem ser calculados utilizando a velocidade máxima U_{max} e outras propriedades do fluido. Para todos os estudos acima referidos, Nu e *h* são calculados com base no diâmetro *D* das alhetas.

São considerados cinco casos para várias velocidades de entrada de ar. Os números de Nusselt e os coeficientes de transferência de calor são calculados e comparados para várias condições (Tabela 5.1). Com um valor constante do fluxo de calor fornecido, o aumento da velocidade aumenta a taxa de convecção térmica. Por conseguinte, observa-se um aumento de Nu e *h* com o aumento da velocidade de entrada. A Figura 5.1 mostra um gráfico comparativo dos valores de *h* e Nu obtidos a partir da experiência, da análise numérica e da relação empírica, para vários casos considerados. Os resultados obtidos a partir da análise CFD são comparados com os resultados obtidos a partir da experiência e das relações empíricas (Khan et al., 2008). O valor de Nu obtido a partir da análise numérica foi obtido com uma precisão máxima de 5,01% e 7,93% quando comparado com os resultados experimentais e empíricos, para os casos 5 e 1, respetivamente. Uma comparação semelhante mostra uma precisão de 5,02% e 7,91% no valor de *h,* para os casos 5 e 1, respetivamente. A imprecisão observada é maior quando os resultados numéricos são comparados com os dados experimentais. Tal pode dever-se à idealização da física de trabalho, à incapacidade de representar as condições de fronteira correctas, a erros no processo de medição, à imprecisão do instrumento, etc.

Tabela 5.1 Erro percentual na estimativa do número de Nusselt numérico (Nu) e do coeficiente de transferência de calor *(Ji)* com resultados experimentais e empíricos

Nu	*h*	% de erro em estimativa de Nu	% de erro em estimativa de Numérico

Caso Não.	V Experimental	Resultados	Resultados	numéricos Resultados	experimentais Resultados	empíricos Resultados	numéricos Resultados	Resultados	empíricos Exnerimental	numérico com Resultados	h com Resultados	empíricos
1	1.10	48.51	51.73	47.93	83.11	88.63	82.13	1.21	7.93		1.19	7.91
2	1.34	54.58	57.29	53.48	93.51	98.17	91.62	2.06	7.12		2.06	7.15
3	1.50	56.99	60.40	59.24	97.65	103.50	101.49	3.80	1.96		3.78	1.98
4	1.81	63.49	66.35	64.55	108.78	113.69	110.59	1.64	2.79		1.64	2.80
5	2.10	67.50	71.47	71.06	115.65	122.46	121.76	5.01	0.58		5.02	0.57

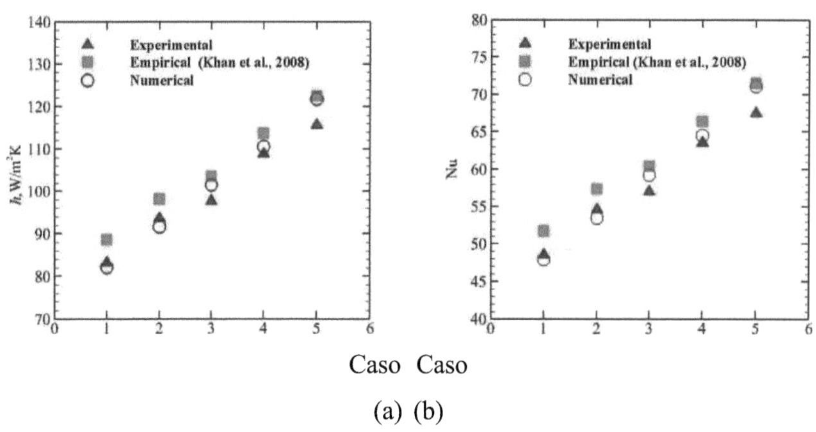

Fig. 5.1 Comparação dos resultados experimentais, empíricos e numéricos do (a) número de Nusselt e (b) coeficiente de transferência de calor

5.2 Análise térmica de formas regulares

Tendo validado o solucionador numérico, o estudo é alargado para investigar o desempenho térmico de várias formas regulares das alhetas (Fig. 4.3). Neste estudo, a disposição e o número de alhetas são mantidos iguais aos da geometria de alhetas cilíndricas escalonadas. As análises numéricas são efectuadas com base na física da transferência de calor conjugada, com o mesmo conjunto de condições de fronteira que no caso anterior. A Figura 5.2 mostra a variação de h em função da velocidade de entrada e das diferentes formas da secção transversal das alhetas. A transferência de energia térmica de uma superfície sólida para um fluido ocorre sempre por condução e advecção. Nas proximidades da superfície sólida, até alguns micrómetros, a condução é o modo dominante. No entanto, para além dessa escala, o movimento do fluido entra em cena, devido à força de flutuação no fluido. Uma maior taxa de advecção ajuda sempre a transportar mais energia térmica da superfície sólida para o fluido. Por conseguinte, observou-se que o coeficiente de transferência de calor por convecção h aumenta à medida que a velocidade à entrada do domínio aumenta. Reduzir o peso e aumentar a taxa de transferência de calor em tais sistemas é sempre uma tarefa difícil. As dimensões das formas consideradas no presente estudo são escolhidas de modo a manter o volume uniforme. No entanto, a mudança de forma altera a área da superfície molhada do sistema. Normalmente, observa-se que um aumento da área de superfície ajuda a aumentar a taxa de transferência de calor da superfície sólida, se utilizada corretamente. Nos casos considerados, as áreas de superfície mais elevadas e mais baixas são obtidas nas alhetas triangulares ($0,124$ m^2) e em forma de gota ($0,095$ m^2), respetivamente. As formas cilíndrica, hexagonal e pentagonal mantêm uma área quase igual de aproximadamente $0,098$ m^2 . A Figura 5.2a mostra um gráfico de barras comparativo de h para todas as formas com alhetas cilíndricas. Observa-se que, à medida que a velocidade do ar à entrada aumenta, o coeficiente de transferência de calor h também aumenta para uma determinada forma de alheta. Apesar de ter a menor área de superfície molhada, verificou-se que a alheta em forma de gota produz o maior h correspondente a todas as velocidades de entrada. No caso de uma alheta em forma de gota, o fluido consegue interagir melhor com a superfície sólida devido à estrutura aerodinâmica (Fig. 5.3). Uma aleta com secção transversal hexagonal, pentagonal e triangular é constituída por arestas vivas. Isto introduz uma zona de estagnação a jusante do escoamento atrás das alhetas. A redução da velocidade do fluido na vizinhança da alheta aumenta a resistência térmica e, por conseguinte, o resultado é a redução de h. *Observou-se* que, a uma velocidade de entrada do escoamento mais elevada (2,1 m/s), as alhetas pentagonais e triangulares apresentam um valor mais elevado de h *do* que as cilíndricas (Fig. 5.2a).

O número de Nusselt (Nu) é um parâmetro que define a força relativa da corrente convectiva em relação à condução. Um aumento em h nem sempre assegura um aumento em Nu. No entanto, o inverso é verdadeiro na maioria dos casos. Isto deve-se à alteração do comprimento caraterístico para várias geometrias de alhetas. Neste estudo comparativo, a variação de Nu segue o mesmo comportamento que o de h e a mesma física pode ser aplicada para o descrever. A presença de arestas vivas no caso de aletas de forma hexagonal, pentagonal e triangular introduz um movimento circular do fluido (Fig. 5.3). Esta rotação no fluido, no caso da estrutura em forma de gota, é muito pequena e nas alhetas cilíndricas não aparece. O efeito da rotação no escoamento é realizado sob a forma de queda de pressão no domínio.

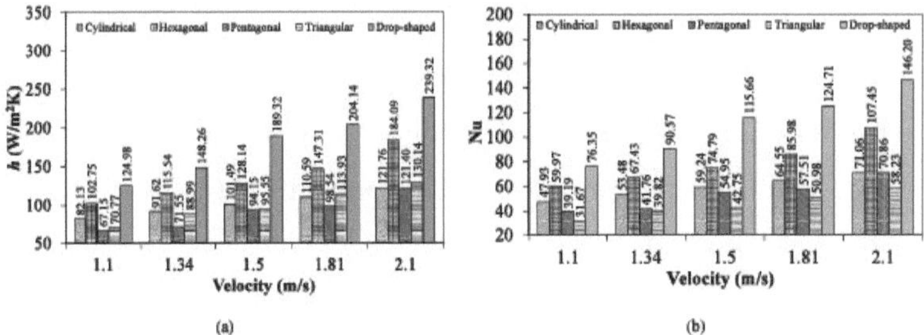

Fig. 5.2 Variação de (a) h e (b)Nu para várias geometrias de alhetas a diferentes velocidades de entrada

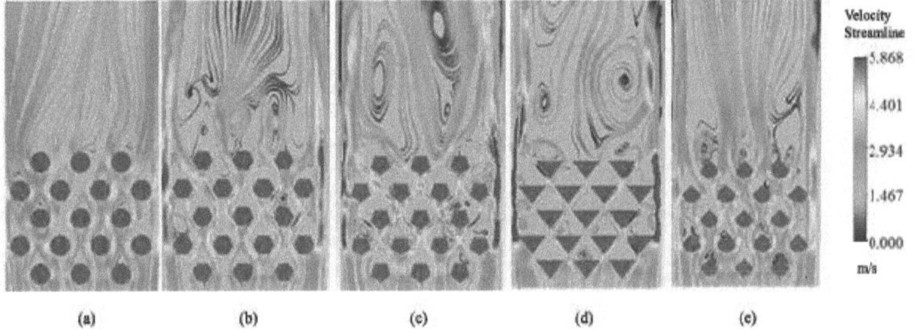

Fig. 5.3 Gráfico da linha de fluxo da velocidade num plano situado em z = 6 cm para várias geometrias de alhetas à velocidade de entrada de 2,1 m/s.

A perda de carga é um fator importante que envolve o fluxo sobre uma estrutura. Uma maior perda de carga corresponde a um valor mais elevado da potência de bombagem necessária para manter um determinado caudal. Por outro lado, o coeficiente de atrito da pele demonstra a quantidade relativa de tensão de cisalhamento da parede por unidade de pressão dinâmica. As figuras 5.4a e 5.4b mostram diagramas de barras comparativos de ДР e Q para todos os casos considerados a diferentes velocidades. A presença de movimento de vórtice a jusante do escoamento sobre as alhetas leva a uma queda de pressão à saída do domínio computacional. Quanto maior for a força do vórtice, maior será a queda de pressão. Nos casos actuais, a aleta de forma triangular apresenta um valor mais elevado de ЛР devido à maior zona de circulação, seguida da forma pentagonal e hexagonal das aletas. A estrutura em linha de fluxo da disposição cilíndrica e em forma de gota das alhetas ajuda a reduzir ДР. No entanto, deve notar-se que o fluido que flui sobre uma determinada secção de alhetas não está em contacto total com a superfície sólida (Fig. 5.3). A quantidade de exposição da superfície sólida da aleta com o fluido em escoamento depende da sua forma. Os gráficos das linhas de fluxo da velocidade (Fig. 5.3) mostram a magnitude da velocidade e o comprimento de contacto do fluido em fluxo. No caso das alhetas triangulares, apenas as duas faces de ataque das alhetas estão a interagir com o fluido em movimento. A face posterior está em contacto com o fluido estagnado. No caso das alhetas em forma de gota e circulares, a maior parte da superfície da alheta está em contacto. Nas alhetas pentagonais, duas superfícies de ataque participam no processo. No entanto, uma parte das superfícies normais e inclinadas da alheta hexagonal entra em contacto com o fluido em movimento. O comprimento de contacto do fluido é responsável por experimentar a tensão de cisalhamento no fluido. Quanto maior for o comprimento de contacto, maior será a tensão de cisalhamento e, consequentemente, o valor de Q. A Figura 5.4b mostra um gráfico comparativo de Q para várias formas de alhetas a diferentes velocidades. O aumento da velocidade aumenta tanto a tensão de corte como a pressão dinâmica. No entanto, à medida que a velocidade aumenta, a taxa de aumento da tensão de cisalhamento é menor do que a taxa de aumento da pressão dinâmica. Por conseguinte, o resultado líquido é a diminuição do valor de Q (Fig. 5.4b).

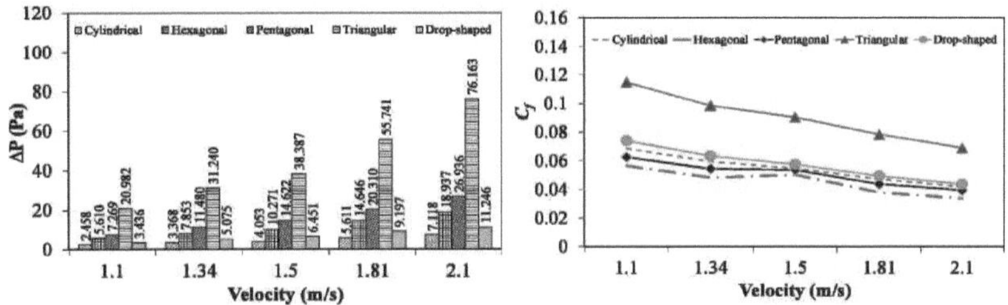

Fig. 5.4 Variação de (a) AP e (b) Q para várias geometrias de alhetas a diferentes velocidades de entrada.

5.3 Análise térmica de novas formas

Do estudo acima, verificou-se que à medida que a velocidade do fluxo sobre as alhetas aumenta, a taxa de transferência de calor também aumenta. A forma da aleta tem um efeito no padrão de fluxo do fluido a jusante dos feixes de aletas. A dissipação de energia térmica é maior no caso das alhetas em forma de gota, seguidas das alhetas cilíndricas. Além disso, as alhetas cilíndricas apresentam uma queda de pressão mínima entre a entrada e a saída, seguidas das alhetas em forma de gota. De todos os casos considerados, observa-se que as alhetas triangulares produzem Nu mínimo devido à menor interação da superfície sólida com o fluido. Após a análise comparativa de várias geometrias de alhetas com base em Nu, h, Cf e ДР, são propostas e analisadas duas novas formas de alhetas (Fig. 4.4). As novas formas da geometria das alhetas são propostas de modo a melhorar a interação entre as superfícies sólidas com uma queda mínima da pressão. O número de alhetas, o tipo de disposição, o passo longitudinal e transversal, a altura, etc. são mantidos uniformes. Para se ter uma comparação justa, os volumes dos sistemas de alhetas também são mantidos idênticos à geometria das alhetas cilíndricas. Ao alterar a forma da secção transversal da alheta no caso de B e C, a área da superfície molhada foi superior a todas as formas consideradas anteriormente. As formas propostas são concebidas de modo a aumentar a área da superfície da alheta, dividindo a secção transversal em duas metades. As condições de fronteira consideradas no domínio computacional são idênticas às dos casos anteriores.

A Figura 5.5 mostra um gráfico de barras comparativo de h e Nu de ambas as formas de alhetas (Caso

B e C) a três velocidades de entrada diferentes, ou seja, 1,1, 1,5 e 2,1 m/s. Para facilitar a

Os valores de h e Nu da alheta cilíndrica são também representados ao lado das novas formas. À semelhança do estudo anterior, as formas actuais também mostram um aumento favorável em h e Nu com o aumento da velocidade do fluxo de entrada. Em diferentes velocidades de fluxo, os casos B e C mostram uma pequena diferença em h e Nu. Devido à maior área de superfície molhada das aletas no caso C, ele produz um h maior do que o caso B a uma velocidade específica (Fig. 5.5a). A estrutura de fluxo no caso B leva à formação de zonas muito menores de velocidade reduzida em comparação com os casos C. No caso C, as superfícies internas da parte dividida das aletas dão origem a uma superfície que é quase normal à direção do fluxo (Fig. 4.4c). Isto forma uma zona de velocidade reduzida na porção envolvente da aleta (Fig. 5.6). Isto ajuda a uma melhor condução de calor da superfície sólida para o fluido. Apesar da maior taxa de convecção de calor, as taxas mais elevadas de transferência de calor por condução no caso C reduzem o valor de Nu médio, em comparação com o caso B (Fig. 5.5b). Contudo, em todas as velocidades de escoamento, o valor de h e Nu é inferior ao da alheta cilíndrica. No caso das novas formas de alhetas (Caso B e C), a área da superfície molhada foi aumentada em aproximadamente 61% e 67%, respetivamente. Com o aumento da área de superfície, observa-se que a temperatura das alhetas e na saída tem valores mais baixos em comparação com a geometria da alheta cilíndrica. Observa-se que esta redução da temperatura tem um efeito menor no valor de *h,* em comparação com a área da superfície húmida das alhetas. Por conseguinte, o aumento da área da superfície molhada das alhetas nos casos B e C reduz *h e,* consequentemente, Nu.

Conforme discutido anteriormente, em comparação com o caso B, o caso C mostra uma região maior de velocidade reduzida, seguido pelo caso A (Fig. 5.6). Isto, por sua vez, ajuda a obter uma menor queda de pressão no caso B em comparação com o caso C, seguido do caso A (Fig. 5.7a). O caudal reduzido à volta das alhetas também ajuda a reduzir a quantidade de fluido que entra em contacto com a parede sólida. Este fenómeno reduz a tensão de cisalhamento da parede na estrutura da aleta e, portanto, o *Cf.* Portanto, um valor mais alto de Q foi observado no caso das aletas de pino cilíndrico (Caso A) seguido pelas aletas do caso B e C.

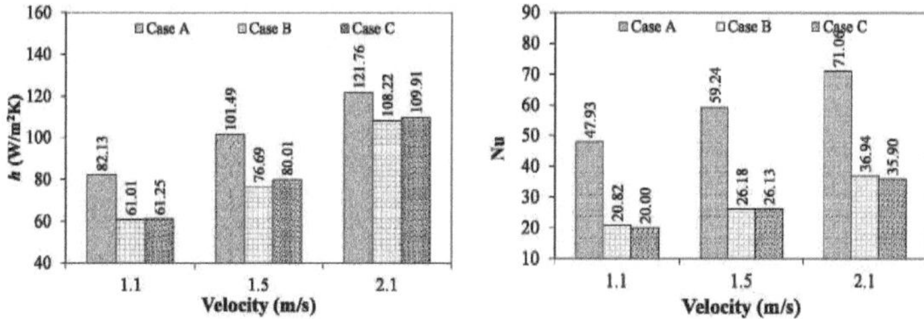

Fig. 5. 5 Um gráfico comparativo de (a) *h* e (b) Nu para novas formas de alhetas com alheta cilíndrica.

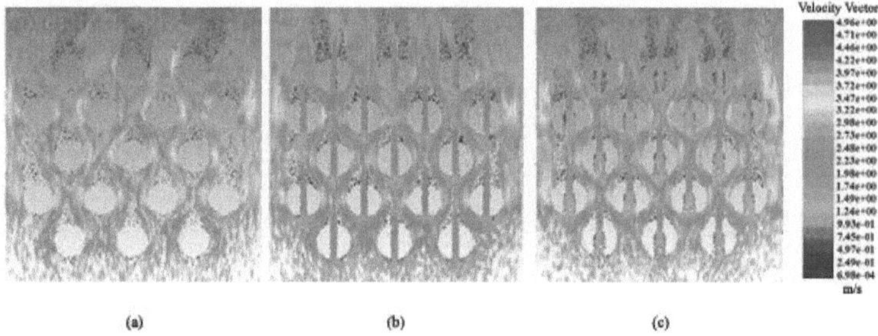

Fig. 5. 6 Representação vetorial comparativa da velocidade de formas novas de alhetas com alheta cilíndrica à velocidade de entrada de 1,5 m/s.

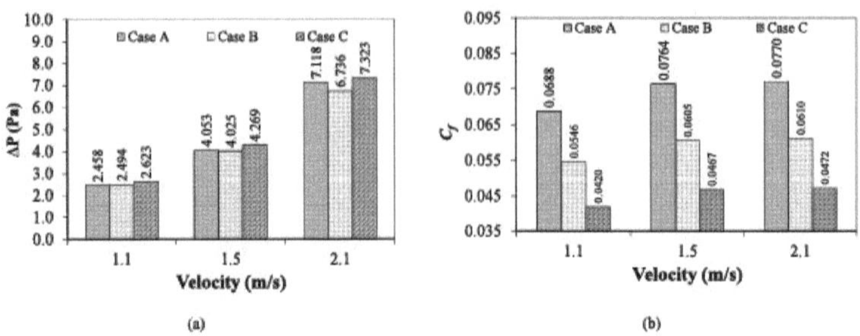

Fig. 5. 7 Gráfico comparativo de (a) AP e (b) Q para novas formas de alhetas.

Capítulo 6

Conclusões e trabalho futuro

As alhetas sempre foram utilizadas para dissipar a energia térmica de qualquer superfície. Uma utilização eficaz da área de superfície é desejável quando se trata da utilização de alhetas. Com o objetivo de contribuir para a área das alhetas, foi feita uma extensa revisão da literatura, que é apresentada neste relatório. A área geral do trabalho de projeto do M.Tech foi decidida com base nas deficiências da literatura disponível. Observou-se que um sistema de dissipador de calor é um componente importante em qualquer indústria. A redução do tamanho desse sistema de dissipação de calor é um dos principais requisitos. A área temática requer a análise e a comparação de diferentes formas de alhetas, que podem ser seguidas pelo desenvolvimento de uma nova geometria para a referida aplicação.

Neste trabalho, é modelada numericamente uma disposição escalonada da geometria das alhetas. A geometria considerada é simulada para um cenário de transferência de calor por convecção, utilizando a física de transferência de calor conjugada. Os resultados obtidos numericamente são comparados com os dados experimentais e os resultados obtidos a partir de dados empíricos de Khan *et al.* (2008). Verificou-se que os resultados numéricos estão mais próximos dos dados experimentais, com um erro máximo de 5,02% e 5,01% no valor de h e Nu, respetivamente. Por outro lado, os mesmos valores são estimados utilizando a relação empírica com um erro máximo de 7,91% e 7,93%, respetivamente. Isto completa a validação do modelo, a física considerada e as condições de fronteira. Em seguida, são analisadas termicamente as geometrias das aletas de pinos com secções transversais hexagonais, pentagonais, triangulares e em forma de gota. Considera-se apenas uma disposição escalonada das alhetas colocadas sobre a placa de base. Em qualquer geometria de alheta, a transferência de calor co-eficiente, o número de Nusselt, o coeficiente de atrito da pele e a queda de pressão são parâmetros importantes que justificam a eficácia da geometria da alheta. À medida que a velocidade do fluxo sobre as alhetas aumenta, a taxa de transferência de calor das alhetas também aumenta. A uma velocidade mais elevada, observa-se que a taxa de incremento em h e Nu é mais elevada para todas as formas consideradas. A uma determinada velocidade do fluido de entrada, uma alheta em forma de gota produz os valores mais elevados de Nu e h, entre todas as formas consideradas. Devido à estrutura aerodinâmica de uma alheta em forma de gota, o fluido consegue interagir melhor para obter uma melhor taxa de transferência de calor. À medida que a velocidade do fluxo aumenta de 1,1 m/s para 2,1 m/s, uma alheta em forma de gota produz aproximadamente 52% a 96,5% mais h do que a alheta cilíndrica. O incremento observado em Nu para a mesma gama de velocidades do fluido é de 59% e 105%, respetivamente. O desempenho térmico da aleta em forma de gota é seguido pelas aletas de pinos hexagonais. Em qualquer geometria de alheta, a perda de carga e o coeficiente de fricção da pele são dois parâmetros importantes a analisar. O estudo mostra um valor mais elevado de perda de carga pela aleta em forma de gota em comparação com as aletas cilíndricas. O aumento da perda de carga devido à mudança de forma da secção transversal circular para a forma de gota é de 38,8% e 58%, para velocidades de 1,1 m/s e 2,1 m/s, respetivamente. Por outro lado, o coeficiente de atrito cutâneo apresenta uma tendência oposta. À medida que a velocidade do escoamento aumenta devido ao incremento do arrasto de pressão, o arrasto induzido diminui. No entanto, o valor de C/ apresentado pela secção transversal em forma de gota é superior ao da secção transversal circular. Nestes estudos, a aleta em forma de gota foi seguida pela geometria da aleta de pino hexagonal. Em comparação com uma alheta cilíndrica, uma alheta hexagonal apresenta um valor mais elevado *de h,* Nu e$^{\Delta P}$, a todas as velocidades de escoamento. No contexto de C/, uma aleta de pino hexagonal mostra uma tendência reduzida e é considerada mínima em todos os casos considerados. Em termos de taxa de transferência de calor, todas as outras formas mostram degradação em h e Nu. No estudo de$^{\Delta P}$, as formas triangular e pentagonal das alhetas apresentam valores mais elevados em comparação com todas as outras formas. A utilização de uma alheta é sempre justificável se puder proporcionar uma melhor taxa de transferência de calor em comparação com uma queda de pressão mínima. A partir do estudo acima, pode concluir-se que, em qualquer aplicação em que ДР seja a principal preocupação em relação a h e Nu, a utilização de uma alheta hexagonal será mais eficaz do que uma alheta em forma de gota.

Em seguida, foi feito um esforço para propor duas novas formas de secção transversal das alhetas. As análises térmicas das formas propostas revelaram uma taxa de transferência de calor reduzida com perdas acrescidas no escoamento. No presente trabalho, as análises térmicas das geometrias das alhetas são efectuadas com base nas formas da secção transversal. O trabalho pode ser alargado para explorar os efeitos de outros parâmetros geométricos, nomeadamente, a altura da alheta, a posição relativa das alhetas, o passo transversal e longitudinal, etc. Podem propor-se outras formas novas de alhetas e efetuar análises semelhantes com base em h, Nu, ΔP e Cf.

Referências

Abdullaha M.K., Ismail N.C., Mujeebu M.A., Abdullah M.Z., Ahmad K.A., Muhamad, Hamid M.N.A., Optimum tip gap and orientation of multi-piezo fin for heat transfer enhancement of finned heat sink in microelectronic cooling, International Journal of Heat and Mass Transfer 55 (2012) 5514-5525.

Ahmed H.E., Ahmed M.L, Yusoff M.Z., Melhoria da transferência de calor em um duto triangular usando nanofluidos compostos e turbuladores, Engenharia Térmica Aplicada 91 (2015) 191-201.

Awasarmol U.V., Pise A.T., Uma investigação experimental do aprimoramento da transferência de calor por convecção natural a partir de uma matriz de aletas retangulares perfuradas em diferentes inclinações, Experimental Thermal and Fluid Science 68 (2015) 145-154.

Braga E.J., Lemos M.J.S., Heat transfer in enclosures having a fixed amount of solid material simulated with heterogeneous and homogeneous models, International Journal of Heat and Mass Transfer 48 (2005)4748-4765.

Calamas D., Baker J., Barbatanas ramificadas em forma de árvore: Desempenho e comportamento de transferência de calor por convecção natural, International Journal of Heat and Mass Transfer 62 (2013) 350-361.

Chang S.W., Chiang K.F., Yang T.L., Huang C.C., Heat transfer and pressure drop in dimpled fin channels, Experimental Thermal and Fluid Science 33 (2008) 23-40.

Chen L., Feng H., Xie Z., Sun F., Otimização construtiva para corpo tipo folha com base na maximização da taxa de transferência de calor, Comunicações Internacionais em Transferência de Calor e Massa 71 (2016) 157- 163.

Dejong N.C., Jacobi A.M., An experimental study of flow and heat transfer in parallel-plate arrays: local, row-by-row and surface average behavior, International Journal of Heat and Mass Transfer 40-6 (1997) 1365-1378.

Fan Y., Lee P.S., Jin L.W., Chua B.W., A simulation and experimental study of fluid flow and heat transfer on cylindrical oblique-finned heat sink, International

Journal of Heat and Mass Transfer 61 (2013) 62-72.

Fan Y., Lee P.S., Jin L.W., Chua B.W., Investigação experimental sobre a transferência de calor e a queda de pressão de um novo dissipador de calor cilíndrico de aleta oblíqua, International Journal of Thermal Sciences 76 (2014) 1-10.

Feng H., Chen L., Xie Z., Sun F., Constructal design for "+" shaped high conductivity pathways over a square body, International Journal of Heat and Mass Transfer 91 (2015) 162-169.

Hiibner P., Kiinstler W., Pool boiling heat transfer at finned tubes: influence of surface roughness and shape of the fins, International Journal of Refrigeration 20-8 (1997) 575-582.

Hong S.H., Chung B.J., Variações do espaçamento ideal das aletas de acordo com o número de Prandtl na convecção natural, International Journal of Thermal Sciences 101 (2016) 1-8.

Huang C.H., Liu Y.C., Herchang, A conceção de diâmetros de perfuração óptimos para a matriz de aletas de pinos para melhorar a transferência de calor, International Journal of Heat and Mass Transfer 84 (2015) 752-765.

Huang C.H., Chung Y.L., Um problema inverso na determinação das formas ideais para aletas anulares parcialmente molhadas com base na maximização da eficiência, International Journal of Heat and Mass Transfer 90(2015) 364-375.

Ibanez J.A.A., Belmonte J.F., Molina A.E., Aletas com uma temperatura prescrita na ponta: expressões de eficiência e eficácia, Applied Thermal Engineering 91 (2015) 447-455.

Iqbal Z., Syed K.S., Ishaq M., Projeto de aletas para otimização da transferência de calor conjugada em tubo duplo, International Journal of Thermal Sciences 94 (2015) 242-258.

Islama M.D., Oyakawa K., Yaga M., Kubo I., The influence of channel height on heat transfer enhancement of a co-angular type retangular finned surface in narrow channel, International Journal of Thermal Sciences 48 (2009) 1639-1648.

Jeng T.M., Combined convection and radiation heat transfer of the radially finned heat sink with a built-in motor fan and multiple vertical passages, International Journal of Heat and Mass Transfer 80 (2015) 411^123.

Jeng T.M., Tzeng S.C., Huang Q.Y., Desempenho de transferência de calor do dissipador de calor pin-fin preenchido com contas de latão embaladas sob um fluxo vertical de aproximação, International Journal of Heat and Mass Transfer 86 (2015) 531-541.

Karathanassis I.K., Papanicolaou E., Belessiotis V., Bergeles G.C., Effect of secondary flows due to buoyancy and contraction on heat transfer in a two-section plate-fin heat sink, International Journal of Heat and Mass Transfer 61 (2013) 583-597.

Kundu B., Lee K.S., Efeitos das propriedades psicométricas no desempenho das aletas de forma mínima de envelope de aletas húmidas, Conversão e Gestão de Energia 110 (2016) 481-493.

Kundu B., Lee K.S., Análise exacta da forma mínima de alhetas porosas sob convecção e troca de calor por radiação com a envolvente, International Journal of Heat and Mass Transfer 81 (2015) 439-448.

Khan W.A., Culham J.R., Yovanovich M.M., Modeling of cylindrical pin-fin heat sinks for electronic packaging, IEEE Transactions on Components and Packaging Technologies 31-3 (2008) 1521-33331.

Laor K., Kalman H., Performance and optimum dimensions of different cooling fin with a temperature- dependent heat transfer coefficient, International Journal of Heat and Mass Transfer 39-9 (1996) 1993-2003.

Lee M., Kim H.J., Kim D.K., Correlação do número de Nusselt para convecção natural de cilindros verticais com aletas triangulares, Applied Thermal Engineering 93 (2016) 1238-1247.

Li M.J., Zhou W.J., Zhang J.F., Fan J.F., He Y.L., Tao W.Q., Transferência de calor e desempenho de pressão de uma alheta simples com winglets dispostos radialmente à volta de cada tubo na transferência de calor de alheta e tubo superfície, International Journal of Heat and Mass Transfer 70 (2014) 734-744.

Lin D.T.W., Yang C., Li J.C., Wang C.C., Inverse estimation of the unknown heat flux boundary with irregular shape aletas, International Journal of Heat and Mass Transfer 54 (2011) 5275-5285.

Meandez R.R., Sen M., Yang K.T., Mcclain R., Effect of fin spacing on convection in a plate fin and tube heat exchanger, International Journal of Heat and Mass Transfer 43 (2000) 39-51.

Mokheimer E.M.A., Performance of annular fins with different profiles subject to variable heat transfer coefficient, International Journal of Heat and Mass Transfer 45 (2002) 3631-3642.

Mon M.S., Gross U., Numerical study of fin-spacing effects in annular-finned tube heat exchangers, International Journal of Heat and Mass Transfer 47 (2004) 1953-1964.

Mosayebidorcheh S., Hatami M., Mosayebidorcheh T., Ganji D.D., Análise de otimização de aletas longitudinais convectivo-radiativas com propriedades dependentes da temperatura e diferentes formas de secção e materiais, Energy Conversion and Management 106 (2015) 1286-1294.

Ndao S., Lee H.J., Peles Y., Jensen M. K., Heat transfer enhancement from micro pin fin subjected to an impinging jet, International Journal of Heat and Mass Transfer 55 (2012) 413^121.

Ndao S., Peles Y., Jensen M. K., Effects of pin fin shape and configuration on the single-phase heat transfer characteristics of jet impingement on micro pin fin, International Journal of Heat and Mass Transfer 70 (2014) 856-863.

Pakrouh R., Hosseini M.J., Ranjbar A.A., Bahrampoury R., Um método numérico para a otimização de dissipadores de calor de aleta de pino baseados em PCM, Conversão e Gestão de Energia 103 (2015) 542-552.

Pis'mennyi E.N., Heat transfer enhancement at tubular transversely finned heating surfaces, International Journal of Heat and Mass Transfer 70 (2014) 1050-1063.

Pongsoi P., Pikulkajom S., Wang C.C., Wongwises S., Effect of number of tube rows on the air-side performance of crimped spiral fm-and-tube heat exchanger with a multipass parallel and counter cross-flow configuration, International Journal of Heat and Mass Transfer 55 (2012) 1403-1411.

Pongsoi P., Promoppatum P., Pikulkajom S., Wongwises S., Effect of fin pitches on the air-side performance of L-footed spiral fin-and-tube heat exchangers, International Journal of Heat and Mass Transfer 59 (2013) 75-82.

Pulvirenti B., Matalone A., Barucca U., Transferência de calor em ebulição em canais estreitos com alhetas de tira deslocadas: Aplicação ao arrefecimento de chipsets electrónicos, Applied Thermal Engineering 30 (2010) 2138-2145.

Ryu K., Lee K.S., Generalized heat-transfer and fluid-flow correlations for corrugated louvered aletas, International Journal of Heat and Mass Transfer 83 (2015) 604-612.

Saad S.B., Clement P., Gentric C., Fourmigue J.F., Leclerc J.P., Distribuição experimental de fases e queda de pressão num permutador de calor compacto do tipo aleta de tira deslocada bifásica, International Journal of Multiphase Flow 37 (2011) 576-584.

Sajedi R., Osanloo B., Talati F., Taghilou M., Aplicação da placa divisora nos dissipadores de calor circulares e quadrados, Microelectronics Reliability (2016).

Sajedi R., Taghilou M., Jafari M., Estudo experimental e numérico sobre a numeração óptima das alhetas num permutador de calor de tubos com alhetas estendidas externas, Applied Thermal Engineering 83 (2015) 139-146.

Sheikholeslami M., Bandpy M.G., Ganji D.D., Revisão dos métodos de melhoria da transferência de calor: Foco em métodos passivos usando dispositivos de fluxo de redemoinho, Renewable and Sustainable Energy Reviews 49 (2015) 444-469.

Shen Q., Sun D., Xu Y., Jin T., Zhao X., Zhang N., Wu K., Huang Z., Transferência de calor por convecção natural ao longo de dissipadores de calor cilíndricos verticais com aletas longitudinais, International Journal of Thermal Sciences 100 (2016) 457-464.

Silva A.K.D., Gosselin L., Optimal geometry of L and C-shaped channels for maximum heat transfer rate in natural convection, International Journal of Heat and Mass Transfer 48 (2005) 609-620.

Singh B., Dash S.K., Natural convection heat transfer from a finned sphere, International Journal of Heat and Mass Transfer 81 (2015) 305-324.

Singh P., Patil A.K., Investigação experimental do aumento da transferência de calor através de dissipador de calor com aletas em relevo sob convecção natural, Experimental Thermal and Fluid Science 61 (2015) 24-33.

Tari I., Mehrtash M., Natural convection heat transfer from inclined plate-fin heat sinks, International Journal of Heat and Mass Transfer 56 (2013) 574-593.

Torabi M., Zhang Q.B., Analytical solution for evaluating the thermal performance and efficiency of convective-radiative straight fin with various profiles and considering all non-linearities, Energy Conversion and Management 66 (2013) 199-210.

Ventola L., Robotti F., Dialameh M., Calignano F., Manfredi D., Chiavazzo E., Asinari P., Rough surfaces with enhanced heat transfer for electronics cooling by direct metal laser sintering, International Journal of Heat and Mass Transfer 75 (2014) 58-74.

Wang L.B., Tao W.Q., Heat transfer and fluid flow characteristics of plate-array aligned at angles to the flow direction, International Journal of Heat and Mass Transfer 38-16 (1995) 3053- 3063.

Wu X., Hu S., Chu F., Estudo experimental da formação de gelo em superfícies frias com várias disposições de aletas, Applied Thermal Engineering 95 (2016) 95-105.

Wu X., Zhu Y., Huang X., Influência de micro aletas com ângulo de hélice zero no fluxo e na transferência de calor de R32 evaporando em um mini tubo plano multicanal horizontal, Experimental Thermal and Fluid Science 68 (2015) 669-680.

Yeom T., Simon T.W., North M., Cui T., High-frequency translational agitation with micro pin-fin surfaces for enhancing heat transfer of forced convection, International Journal of Heat and Mass Transfer 94 (2016) 354-365.

Yeom T., Simon T., Zhang T., Zhang M., North M., Cui T., Transferência de calor aprimorada de canais de dissipador de calor com paredes rugosas de micro aletas, International Journal of Heat and Mass Transfer 92 (2016) 617-627.

Zhang L.W., Balachandra S., Tafti D.K., Najjar F.M., Heat transfer enhancement mechanisms in inline and staggered parallel-plate fin heat exchangers, International Journal of Heat and Mass Transfer 40-10 (1997) 2307-2325.

Zhang X., Wang Y., Yu Z., Zhao D., Análise numérica das características termo-hidráulicas em aletas serrilhadas com diferentes ângulos de ataque e relação entre o comprimento de onda e o comprimento da aleta, Applied Thermal Engineering 91 (2015) 126-137.

Zhao H., Liu Z., Zhang C., Guan N., Zhao H., Queda de pressão e fator de atrito de um canal retangular com mini alhetas escalonadas de diferentes formas, Experimental Thermal and Fluid Science 71 (2016) 57-69.

Zhou F., Demoulin G.W., Geb D.J., Catton I., Closure for a plane fin heat sink with scale-roughened surfaces for volume averaging theory (VAT) based modeling, International Journal of Heat and Mass Transfer 55 (2012) 7677-7685.

Ziyan H.Z.A., Helali, A.H.B., Selim M.Y.E., Melhoria da convecção forçada em canal anular cilíndrico largo utilizando tubo interior rotativo com alhetas helicoidais interrompidas, International Journal of Heat and Mass Transfer 95 (2016) 996-1007

I want morebooks!

Buy your books fast and straightforward online - at one of world's fastest growing online book stores! Environmentally sound due to Print-on-Demand technologies.

Buy your books online at
www.morebooks.shop

Compre os seus livros mais rápido e diretamente na internet, em uma das livrarias on-line com o maior crescimento no mundo! Produção que protege o meio ambiente através das tecnologias de impressão sob demanda.

Compre os seus livros on-line em
www.morebooks.shop

Printed by Books on Demand GmbH, Norderstedt / Germany